日式料理的诀窍

足立洋子的厨房工作法

（日）足立洋子／著

张晓雪／译

化学工业出版社

·北京·

足立洋子是日本电视台NHK料理节目的超级主妇，教授料理制作30余年。本书从食材购买、储存到料理制作以及快速配餐一步一步全都详细讲述，图片展示细致入微，将足立老师的制作诀窍全都告诉大家。即使是家中来了客人也不用怕，足立老师还会教你如何用最丰富的食材招待客人。一日三餐、工作便当、夜宵小酌，轻松度过繁忙的每一天，让制做料理变得更加轻松。

日本超级主妇的厨房智慧，让厨房菜鸟变成厨房达人。

图书在版编目（CIP）数据

日式料理的诀窍 足立洋子的厨房工作法 ／（日）足立洋子著. 张晓雪译. — 北京：化学工业出版社，2017.5
ISBN 978-7-122-29415-9

Ⅰ．①日… Ⅱ．①足… ②张… Ⅲ．①菜谱－日本 Ⅳ．①TS972.183.13

中国版本图书馆CIP数据核字（2017）第066643号

KONDATE DUKURI NO "CHIISANA KUFU" by Hiroko Adachi
Copyright © 2015 Hiroko Adachi, Mynavi Publishing Corporation All rights reserved.
Original Japanese edition published by Mynavi Publishing Corporation.
This Simplified Chinese edition is published by arrangement with
Mynavi Publishing Corporation, Tokyo in care of Tuttle-Mori Agency, Inc., Tokyo
through Beijing Kareka Consultation Center, Beijing
本书中文简体字版由Mynavi Publishing Corporation授权化学工业出版社独家出版发行。未经许可，不得以任何方式复制或抄袭本书的任何部分，违者必究。

北京市版权局著作权合同登记号：01-2017-3518

责任编辑：马冰初 李锦侠　　　　　　文字编辑：王 琪
责任校对：宋 玮

出版发行：化学工业出版社（北京市东城区青年湖南街 13 号　邮政编码 100011）
印　　装：北京东方宝隆印刷有限公司
880mm×1230mm　1/32　印张4¾　字数217千字　2017 年 7 月北京第 1 版第 1 次印刷

购书咨询：010-64518888（传真：010-64519686）　　售后服务：010-64518899
网　　址：http://www.cip.com.cn
凡购买本书，如有缺损质量问题，本社销售中心负责调换。

定　　价：39.80元　　　　　　　　　　　　　　版权所有　违者必究

前 言

厨房里的工作是永远做不完的。

这是份会持续一生的工作。

既然如此，大家都想轻松愉快地做出好吃的饭菜吧。

轻松不等于偷懒。为了做到轻松，就要努力积累些"小诀窍"。生活的智慧是必不可少的。只要你正视生活，那些小诀窍可以在日常的厨房生活中自然习得。小诀窍都是些像把米饭分成小份冷冻起来、提前准备好制作小菜所需的材料等的小事情。但是积累了这些小诀窍后，你就会发现做饭变得得心应手了。

我做了30年友人会料理教室的讲师，教授了很多做饭的方法。我的学生大多是职场女性和抚养孩子的主妇，她们都想制作出"简单又好吃的饭菜"。本书主要针对这些女性，讲述同样忙碌于工作和育儿的我是如何在厨房中积累智慧和诀窍，并随书附上菜谱。

对于书中的观点，读者们不需要强行迎合，可以根据自己的生活习惯来斟酌，试着添添减减。

我衷心希望你们能和家人一起笑口常开，共同度过幸福的时光。

如果想做出和平时一样美味的菜肴，测算重量是非常重要的。每次冷冻保存"小菜"时，必须认真测量。

"白色蔬菜"和"红色、绿色蔬菜"组成的色彩缤纷的西式泡菜,和主菜搭配非常方便。泡菜汁可以作为"甜醋"使用。

以"豪华汉堡肉"为中心的一份
晚餐。广受小孩子和男人们欢迎
的汉堡肉也能简单制作出来！

炸土豆。熟练掌握"炸"这种做法后，拿手菜的种类会不断增加。

目录

|第 2 章| 保存的诀窍

第 1 章

买东西的诀窍

我非常喜欢餐具，不论西式还是日式。最近喜欢收集直径在26cm左右，可以用于任何场合的平盘。

有备无患的常备食材

新婚那会儿，我还只是个20岁左右的新晋主妇。那时，我总是按照菜谱来购买食材。"因为要做汉堡肉饼，所以要买肉馅儿和洋葱……"但是，当日子变得忙碌起来后，如果每样食材都特意出门购买，不仅时间上不允许，也不经济实惠。

后来我想："不然就用现有的食材，花费点心思做些什么吧。"不知不觉地，我开始将那些经常用到的材料作为"常备食材"囤起来。因此，我的"常备食材"都是那些"只要备好，就不用愁"的材料。不需要你去考虑太多，只要谨记"不断货"这个准则，经常补充就可以了。

能灵活运用常备食材后，即使在很忙碌的日子里，我也不会手忙脚乱，仍然可以巧妙地做出好吃的饭菜。多亏了常备食材，我得以从买菜的压力中解脱，日常生活也变得丰富多彩。不论是和家人一起生活，还是独自一人生活，我想道理都是一样的。

**洋葱
胡萝卜
土豆** | # 365天常囤货不可替代的基础蔬菜

　　洋葱、胡萝卜、土豆这类蔬菜是一年365天必买的基础中的基础。只要用完就要买齐，应该形成一个体系。由于每天都要用，只有准备充足了，心里才会踏实。

　　只要有这三种蔬菜，即使没有其他蔬菜，也能做出一顿饭。

　　和肉搭配可以做出咖喱和炖菜，也能做猪肉酱汤。只要是炖的菜，这三种菜几乎是全能应对。

　　你可以把它们和肉一起炒，也可以和鱼一起蒸。简简单单就能跟主菜搭配，效果超群。

　　特别是洋葱，是绝对不可缺少的。但是只靠洋葱很难做出一个配菜，我花费功夫研究出一道"腌洋葱"（52页、53页），把它打造成了一道副菜。

白色蔬菜 | "可以作为副菜"的白色蔬菜 购买时的小诀窍

洋葱、胡萝卜、土豆是很百搭的蔬菜，但是不能只搭配这些东西，所以要有意识地加些"白色蔬菜"。白色蔬菜是指白萝卜、白菜、卷心菜等。

白色蔬菜可以做成沙拉。抹上盐揉一揉，进行腌制。单独一种食材就能作为副菜是它们最大的特点。

白色蔬菜"存放时间长，可以一次买很多"，我经常听到有人这样说。但是我建议先试着买一种白萝卜尝尝。习惯之后，可以买半根白萝卜和半个白菜，下一步是分别买三分之一的白萝卜、白菜和卷心菜，逐渐增加囤积种类。如果一下子买一整个，就会有必须快点用完的压力，大家配合自己生活的节奏来买就可以了。之后白色蔬菜的范围可以逐渐扩展到豆芽、花菜、大头菜、莲藕等。

红色蔬菜
绿色蔬菜
菌菇类

"红色和绿色的蔬菜"做配色
"蘑菇"冷冻保存作为常备食材

从童年时代起，我就一直被教育"饭菜的颜色要丰富"。餐桌上色彩缤纷的饭菜不仅营养均衡，而且让人食欲振奋。即使你想不出菜谱，只要能做出"颜色丰富的饭菜"，就八九不离十了。

红色蔬菜的代表是番茄。绿色蔬菜的代表是青椒、西蓝花、菠菜、小油菜、生菜和黄瓜。我非常喜欢绿色蔬菜，每天至少要吃一次。市面上已出现了能够生吃的沙拉菠菜，让我省了不少功夫。

和这些绿色蔬菜搭配的储备是"蘑菇"。蘑菇价格便宜的时候可以多买一些冷冻起来。这样囤积绝不是白费功夫。冷冻起来的蘑菇不需要解冻，做菜的时候直接加到汤、味噌汤或火锅里即可。

季节性水果 | 全年都可以品尝到的"柑橘类"水果是餐后的乐趣

美味的时令水果，它们也是不可或缺的"常备食材"。

水果经常被作为早餐的一种或者是餐后的甜品。亲朋好友会送很多水果给我，我自己也经常从网上在果农那里订购。因为经常一下子收到很多水果，我习惯在朋友聚会时请大家来品尝。

其中，我最喜欢的是"柑橘类"水果。不仅有蜜橘那样的冬季柑橘，还有脐橙、夏橙、丑橘等各种各样的柑橘类水果，一年到头都可以吃得到。

吃柑橘类水果时，我推荐"微笑切法"。这种切法在酒店提供柑橘类水果时经常见到。将橙子横着切成2等份，然后切成方便食用的瓣状。这样既不用剥皮，手也不会弄脏，吃起来很方便。

猪上脑 | "块状"和"片状"都要提前备好

上脑是指猪的后脖颈到背部之间肩部的肉，瘦肉中夹杂着适量的网纹状脂肪的霜降猪肉。特点是味道浓郁，口感醇厚。

一般来说，上脑的价格比里脊肉便宜，比猪腿肉稍贵一些。我会买好块状和片状两种，把它们都冷冻到冰箱里以备不时之需。也可以自己按照喜好把块状上脑切成片。要是切不好，就直接买切片了。

可以做姜丝炒猪肉、咖喱或是汤等。也能用烤箱做烤猪肉，还可以煮一煮做炖猪肉或者涮火锅，都非常好吃。

猪上脑可以用在很多家常菜的制作中，希望大家能够多记住几个使用猪上脑作食材的菜谱。

鸡腿肉

**"仔鸡"可以用在所有料理中
"成鸡"可以用在汤和鸡肉丸子里**

很多人都会把鸡肉冻在冰箱里囤起来。像鸡胸肉、鸡脯肉、翅尖和翅根，我会在使用当天采购，只冷冻保存鸡腿肉。因为鸡腿肉比其他肉用途广，很多时候可以救急，储存起来让人安心。

关于鸡腿肉有一点需要注意，应把仔鸡和成鸡区分开使用。仔鸡可以用来做炸鸡块、油淋鸡等，也可做煎鸡肉、蒸鸡肉等菜。

制作荞麦面、乌冬面的汤汁或者剁成肉酱制作鸡肉丸子时，成鸡的肉更适合。

下过蛋的鸡由于饲养时间长，肉质相对较硬，有嚼劲，和仔鸡口感不同，吃起来是另一番风味。

| **肉馅** | 合绞肉馅、猪肉馅和鸡肉馅三种都要备齐 |

　　虽然都是肉馅，合绞肉馅、鸡肉馅和猪肉馅有着天壤之别。所以要把这三种经常使用的肉馅囤起来。

　　我几乎不用牛肉馅。合绞肉馅基本上按照"牛肉3：猪肉7的比例"来混合，这样就不会出错了。

　　制作肉酱时使用的是合绞肉馅，以前我教的菜谱使用的是牛肉馅。但是只用牛肉的话，肉酱会变得干干巴巴、松松散散，掺些猪肉后，肉酱变得湿润黏着，可以成团，更加好吃。

　　同样的道理，在豪华汉堡肉（85页）中也使用合绞肉馅。

　　味道醇厚的猪肉馅最适合制作肉味噌（60页、61页）这样味道浓郁、材料充足的菜品。

　　在制作突出鸡蛋的美味的煎蛋卷时，我喜欢使用味道清淡的鸡肉。

鲑鱼 | 日本函馆的鲑鱼和苫小牧的熏鲑鱼

　　鲑鱼是我从小就非常熟悉的"灵魂食物"般的食材。妈妈会从故乡函馆的一家生鲜店定期寄鲜鲑鱼给我。这家店可以按顾客的要求切块，妈妈让店家把鱼切成普通大小的三倍，盐也比平时多放一些。我把这些鲑鱼冷冻起来，想吃的时候随时可以拿出来。

　　鱼肉烤一烤可以做成便当的配菜，切碎后可以做成饭团的馅。有时候鱼头、鱼骨等鱼架子也会一起寄来，我可以用这些做三平汤，令人期待不已。

　　现在我住的苫小牧是一座盛产熏鲑鱼的城市。日本第一家生产熏鲑鱼的老店"王子熏鲑鱼"的工厂就在这里，这家工厂生产的熏鲑鱼是日本首屈一指的名产。

　　我希望远道而来的客人能够品尝到当地的名产，所以一直囤积着熏鲑鱼，做好随时能拿出来招待的准备。

鸡蛋 | 不可或缺的常备食品之一薄鸡蛋饼

鸡蛋是非常好用的食材。

孩子们还小的时候，我曾经用10个鸡蛋做成薄鸡蛋饼，用保鲜膜一个一个包好再冷冻起来，这样备好后，只解冻想用的张数就可以，非常方便。

将薄鸡蛋饼切丝，与叉烧猪肉和葱白丝组合起来，可以做成外观诱人的沙拉；或者是搭配在生鱼片盖饭的米饭上。冷冻薄鸡蛋饼的用途非常多样。

忙碌的时候能做炒鸡蛋，但是做薄鸡蛋饼需要闲适的心情，不然做出的卖相和味道会差强人意，所以我建议大家在有时间的时候做好并储存起来。

在蛋液里加少量淀粉，煎出的蛋饼就不会有洞，表面会变得光滑且色泽亮丽。

魔芋 魔芋丝 | 无计可施时的救兵可用方便的食材

　　你可能会感到意外，在没有什么食材的时候，只要有魔芋和魔芋丝就能化解危机。

　　大家都知道魔芋做的"猪肉酱汤"吧？将魔芋切成方便食用的大小，用香油炒一炒，放入味噌汤中炖就可以了。虽然制作方法简单，但是非常美味。做这道菜可以只加魔芋，如果有大葱的话也可以尝试加一些。

　　魔芋和魔芋丝都可以冷冻保存，也非常方便。

　　将冷冻魔芋用香油炒一炒，淋上些酱油汁，就可以做出一道绝妙的"炒冻魔芋"。魔芋冷冻后会有非常不可思议的口感，我非常喜欢这种口感，根本停不下筷子。

　　魔芋丝也可以用同样的方法来制作。魔芋丝也是我最拿手的猪肉酱汤里必不可少的材料。

　　魔芋和魔芋丝中所蕴含的奥妙非常多，它们都是很有趣又很独特的食材。

| 米 | 冷冻米饭每餐的量要准确测量 |

　　我喜欢吃黏性不大且颗粒分明的米饭。

　　北海道产的大米也很不错，但是我觉得它的黏度太大……

　　即使是一个人住，我也会用电饭煲一次做出4合（1L的十分之一）米饭。趁热将它们分成180g的等份，装入5号保鲜袋中冷冻起来。每份的量减少到150g也可以。孩子们还在的时候，是分成200g的等份。

　　我没办法想象没有冷冻米饭的日子。用微波炉解冻，加入甜醋（73页）可以做成醋饭，一个人也可以轻松享受"寿司"或"海苔卷"。我最喜欢一个人做寿司吃。

乌冬面
荞麦面
千层面 | 让人心满意足的常备面种类多样

　　我经常吃面。面一般制作方法简单而无须费心，品种丰富，不仅可以填饱肚子，精神也能得到满足。在众多面类中，我的食品库里常备的有乌冬面、荞麦面和千层面。

　　我的女婿是秋田人，他给我寄过家乡的"稻庭乌冬面"。我完全迷上了那个味道，吃完了自己也会去买。荞麦面中我喜欢白色的荞麦面。永坂更科的"御前荞麦面"我百吃不腻。

　　千层面是我招待客人时的拿手菜。因为不知道什么时候就需要我大展身手，所以要常备。

　　我平时还会留意一些口味奇特的拉面。秋田县的比内鸡汤拉面、和歌山拉面和喜多方拉面都非常好吃。看到奇特的面，我总是忍不住去买，所以面类的囤货一直只增不减。

 # 反复尝试和失败，料理就像人生

　　我出生在日本北海道函馆，高中就读的是东京东久留米的"自由学园"。"自由学园"在创立之初提出的一个信条就是"提供温暖的午餐的学校"。创立之初，目白❶的校舍和现在的校舍都是以食堂为中心设计的。另外，全校师生的午餐由各个年级的学生轮流制作。

　　那是我高二时发生的事情。当时为制作600人份的茶饭，我订购了600g抹茶。

---

❶ 日本东京都丰岛区南部地区。是文教住宅区。

但是，要做茶饭的当天我才发现要使用的是焙茶，顿时感觉全身的血液都凝固了。

我想自己一定会被训斥，于是非常失落。但是老师却用欢快的语调说："哇，今天的茶饭使用抹茶呀，真豪华！"接着又说："全部用上太多了，减少用量吧。"结果一句也没有训斥我。

那天发生的事情深深地触动了我。之后我才意识到，这个经历使我体会到："做料理就是要不断积累失败，反复应对挑战，人生也是如此。"这段经历是我人生中至今难忘的宝贵财富。

开心制作出的料理，会给大家带来幸福

"自由学园"里有"主妇之友社"（出版社）和"全国友人会"（妇女之友的读者会）这两个相关团体。

40年来我一直是友人会的会员。因为我的妈妈就是会员，所以我从小时候起就对友人会非常熟悉。

我读小学时，我妈妈在友人会学会了制作"浇汁炒面"。我放学回到家，看到炉子上放着蒸锅，厨房里水汽缭绕。妈妈把拉面蒸好后，迅速放入热水中焯，然后放入油中炸脆。

与此同时，妈妈还准备好了看上去非常好吃的馅。我如痴如醉地看着妈妈利落娴熟的动作。那种场景至今记忆犹新。

妈妈每次从友人会回来都会非常开心，然后把学到的东西再现，做给家人吃。那是一段非常幸福的时光。或许正因如此，我心中也牢记着：开开心心制作的食物，会给大家带来幸福。不论每天多忙碌，这份心情我永远不想失去。

令人期待的
珍贵食材

我平时购物的频率是一周一次。不常见的食材在家附近买不到，于是我因友人会的事情去札幌时，会去逛与JR札幌站相连的"大丸百货店"。我能在商场地下的家常菜卖场学到很多东西，不论是沙拉的蔬菜组合方式还是调味的变换。每次我都是怎么逛都不会腻。

每次去东京，高级超市都让我流连忘返、欲罢不能。我在自由之丘有亲戚，很久以前就对"the garden自由之丘"很熟悉，买东西也轻车熟路，会购买很多食材邮寄到家中。在我最喜欢的"明治屋商店"有很多北海道见不到的火腿、肉以及薄蛋饼。这里还有很多有趣的面类。每次去面类区，我都热血沸腾（笑）。我还去过羽田机场的"纪之国屋"，只买了一点好吃的东西，像榨菜之类的。

另外，有时候为了转换心情，我也会在购物网站上购买一些不常见的食材。要说有没有这个必要，我也答不上来。但是对于食材来说，"相遇的感动"是不可或缺的。

京都蔬菜 | 特别喜欢蔬菜托人从京都寄来

　　我特别喜欢蔬菜。因为北海道买不到蚕豆，有一年5月份左右趁去东京出差之际，我非常开心地买了一些回来。但是，蚕豆意外地有一种怪怪的味道。为此，我当时在飞机上觉得非常不好意思。

　　看到稀奇的蔬菜、新品种的蔬菜或者京都蔬菜等这种区域限定的食材，我总是忍不住想去买。到底是什么味道的呢？我非要一试究竟不可。

　　每次去札幌的"大丸百货店"，我都要看看有没有京都蔬菜。还记得几年前，曾在那儿发现了尚未在北海道地区销售的"万年寺辣椒"，我当时兴奋地无以言表。

　　最近，因为实在太喜欢，我开始请人直接从京都寄送蔬菜，如"京都胡萝卜""萝卜叶""丹波大黑蟹味菇"等。我每次都被它们的味道所打动。

<table>
<tr><td>**牡蛎
奶酪**</td><td>购物网站上发现的人气食材也是常
备品</td></tr>
</table>

  我在购物网站上发现了一些奇特的食材，由于非常喜欢，我把它们也作为常备食材囤起来了。

  其中一个就是蒸牡蛎。因为是已经蒸好的牡蛎，再加工也不会变小，这点非常好。加到白色酱汁（64页、65页）里面，精髓渗入汤汁，可以做成一道"牡蛎杂烩汤"。另外，将薄面汤蒸出的米饭和浇了照烧酱汁（72页）蒸出的牡蛎拌起来，就做成了一道简单的"牡蛎饭"。

  另一个是碎奶酪。我1次会买5kg，店家会分成5个1kg寄过来，我把它们分成200g的等份，装到塑料袋里冷冻保存起来。碎奶酪可以放在吐司片上烤，或者直接拌在沙拉里。因为实在太好吃了，最近几年我一直会分给孩子们和朋友们。

 **支持农场经营，
NPO法人农场的绝品猪肉
和奶酪**

　　我学生时代的朋友们一直在北海道经营一家名为"共动学社"的NPO法人农场。农场以让身体残疾的人们能自立生活，为社会做贡献为理念。"共动学舍"之一的"宁乐共动学舍"售卖自己养殖的猪肉。我已经连续十年参加了猪肉的展销会，每月都会订购培根、香肠、猪上脑和猪肉馅等。

儿子说过："没有这个培根就做不成炭烧面。"可见其味道之出色。

另外一个是"新得农场"生产的奶酪，这种奶酪在Monde Selection中获得过金牌。

农场会根据我们购买的东西来进行计划性生产。虽然我贡献的仅是微薄之力，但是希望能够为农场的经营贡献一些力量。

第 2 章

保存的诀窍

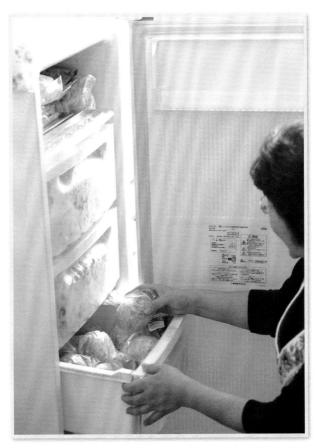

从我喜欢的函馆的店里订购的面包和松饼。保存在"专用冷冻库"
的"面包和点心专用抽屉"里，随时都可以吃到。

冷藏室里的存货

我家冰箱的冷藏室不会塞得满满的，总是保证能空出一定的空间。冷藏室里放的都是可以"循环"的食材。我觉得这才是使用冰箱的正确方法。

　　冷藏室不是"仓库"，只是"暂时存放食物的地方"，是冷冻食品"解冻的地方"。

　　冷藏室是能让我的饮食生活顺利运转的工具，如果变成仓库就没办法正常运作，我的饮食生活也会受到影响。所以，保证能够顺利运转的状态非常重要。

　　我规定自己每周至少有一天（尽量是周一，上班族的话，周末的一天，要在家专心做家务。上午整理房间，一边看电视剧一边熨衣服。之后收拾冰箱冷藏室。把脏的橡胶包装盒擦干净，更换垫在蔬菜下面的被汤汁和菜叶弄脏的包装纸。全部整理干净后，下午出门买菜。

　　形成这样的节奏后，生活也会像冷藏室里的食材一样"循环"起来吧。

冷藏室

冷藏室要如图片所示那样留出一定的空间。有了空间，不仅方便拿取，看到污渍也能立即打扫，干净卫生。

我很喜欢用大、中、小三种不同型号的包装盒保存食物。你可以将它们整齐地堆放起来，充分利用有限空间。另外，包装盒是半透明的，不用打开盖子也能知道里面装的什么，非常方便。

乳制品区　　　　　　　　礼物区

❶ 备用区
❷ 副菜区
❸ 早餐区

基础菜区　　　　下饭菜区（半冷冻室）

❶ 备用区

从上往下数第二层左边区域，我经常会放一个不锈钢的方盘，这个"备用区"是使冷藏室和冷冻室良性循环起来的关键。

早上，把冷冻室的肉或鱼等拿出来放到方盘里低温解冻。当天晚上或者第二天就能使用了。如果备用区存满解冻食品以外的其他食物，就是"囤积过量"的信号。

不小心做多的副菜可以原封不动存起来，用作第二天的午餐或者晚餐。大约2或3种装在一个盒子里。常备的"海水腌菜"也放在这个区域的固定位置。

四色沙拉（右上）、凉拌青椒萝卜海带丝（左上）、苹果煮番薯（下）。我要把它们分成一人份，因此主要用小号的保鲜盒。忙到没有时间做饭的时候，操劳一天回到家中，想想能吃到现成的副菜，心情也会变得轻松起来。

❸ 早餐区

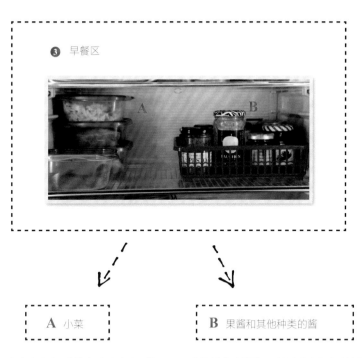

A 小菜

B 果酱和其他种类的酱

碎奶酪（右上）、熏鲑鱼（左上）、烤猪肉（右下）、培根（左下）。我准备了几种可以和面包搭配的材料。做早餐的时候我一般不想使用菜刀，有时候我会把烤牛肉和培根提前切好。

我早饭会吃面包，所以我在红色的托盘里准备了几种和面包搭配的果酱及其他种类的酱。即使在忙碌的早晨也不会因为"果酱瓶子在哪里呢"这种小事把冷藏室弄得乱七八糟。避免了手忙脚乱，也能节约时间。

33

冷冻室里的存货

刚结婚那会儿，我住在距离函馆一个小时车程的大沼国定公园。那里被森林和湖泊所环绕，有着绝美的景色。但是大沼终究是乡村，周围没有可以买东西的店。

在那种环境下，我买了美国产GE（通用电气）牌的容量大于500L的冰箱以及一个专门的冷冻库。可能是逐渐适应了那样的生活，除了带有冷藏室和冷冻室的冰箱，"专用冷冻库"成了我生活中必不可少的存在。

我将囤积的食物分门别类放好，什么东西大概放在哪里都有一定的把握。虽说如此，我仍要一周整理一次。忙碌的时候也是至少一个月整理一次。

发现有需要快点吃掉的食物，我会把它放进冷藏室。想到一旦解冻就必须快点吃掉，我就会用尽一切办法把食材全部处理掉。

冷冻室的上层

　　冷冻室的上层大致可以分成两个区域。最方便拿取的地方是放米饭等的主食区。存货用完也会一目了然，不会出现想吃的时候发现"哎呀，米饭吃完了"的情况。

　　平日里一点一点冷冻保存下来的食材能在一些情况下发挥大作用。保存时只需装进小塑料袋里就可以，不需费事，非常方便。

　　平时经常会用到的食材，例如一些瓶装的酱油腌菜、罐装的调料类、塑料袋装的鲜面筋和京都炸豆腐等都冷冻保存在能够一眼就看到的上层。

瓶装、罐装、袋装食
品的区域

❶　米饭等主食

❷　少量的剩余材料

❶ 米饭等主食

冷冻米饭、我喜欢的米粉和栗子糯米饭等主食类区域。米饭装入保鲜袋压平后冷冻，冻硬后竖起来排列保存。不仅节省空间，而且方便拿取，这是我非常推荐的储存方法。

❷ 少量的剩余材料

做饭时剩下的肉和鱼等分别装入保鲜袋中冷冻。有猪肉、小沙丁鱼、乌贼和虾，另外还有荞麦店送的油渣儿❶。这个区域填满后，可以做大阪烧或者炸什锦，非常有意思。

---

❶ 炸完鱼虾后的面衣碎渣，可放入面条酱汤中食用。

冷冻室的下层

　　冷冻室的下层分成三个区域。这里比上层空间大，我用两个托盘分成了三个区域，主要冷冻体积比较大的食材。

　　虽然最近制作的机会变少了，但是我一个月至少烤一次蛋糕或者面包，所以甜点材料的区域是必不可少的。

　　制作小菜的材料区存放了平时经常用的食物，"有趣的"食材区存放着独特的食物。

　　忙得昏天黑地的时候，基本用不到下层的食物，我会每周检查一次，了解"哪种食物放在哪里"即可。

❶ 点心的材料

❷ 一周分量的配菜食材

❸ 有趣的食材

❶ 点心的材料

冷冻保存派坯子、杏仁粉、烘焙粉以及芝士蛋糕等制作甜点所必需的材料的区域。虽然我现在不像以前那样频繁制作蛋糕了，但是这个让我想想就兴奋不已的区域还是保留下来了。

❷ 一周分量的配菜食材

展销会上买到的猪肉组合、我喜欢的冷冻食品、别人送的手工番茄酱、特产干虾以及有着有趣小故事的食材都集中在这个区域。我能感受到冷冻室里堆满快乐幸福的心情。

❸ 有趣的食材

从专用冷冻库（40～43页）中，将一周分量的肉、鱼和其他材料等移到这里。这个区域是使储藏室里的专用冷冻库和厨房里的冷冻室里面的食材循环起来的关键。

专用冷冻库、冷冻室的抽屉

　　我家的储藏室里放着一台容量121L的冰柜，专门用来冷冻食物。小时候老家就有，新婚以后它也一直陪在我身边，我无法想象没有冷冻库会有多么不方便。

　　我独自一个人生活后，把冷冻库换成了四口人一起住时用的那台的三分之一大，总觉得很不习惯……

　　我很想留出30%的空间，但是总会塞得满满的。

① 快速冷冻空间

② 鱼类抽屉

③ 肉类抽屉

④ 面包和点心类抽屉

⑤ 手工制作的半加工材料抽屉

❶ 快速冷冻空间

最上面一层是快速冷冻区，平时都会空着。把手工水饺、肉丸子和切成小块的鲜面筋一个一个放在托盘上冷冻，这就是"托盘冷冻法"。放到塑料袋里压平的米饭也是在这里冷冻的。

把食物一个一个用托盘冷冻法冻好，分成适当的量装入塑料袋中。这样的话，食物不会粘连在一起，方便制作。整理好的袋装食物可以放到下面一层。

间隙冷冻法

辣椒酱

手工制作的辣椒酱也要冷冻保存。和咖喱一起使用。

果酱

果酱存放在冷冻室的间隙空间里。需要常备多种果酱。

② 鱼类抽屉

这一层冷冻鲑鱼、熏鲑鱼、鳗鱼、蒸牡蛎等，还有饭寿司、小斑鰶等招待客人时使用的稀有食材。

③ 肉类抽屉

这一层冷冻猪上脑、鸡腿肉、合绞肉馅等。另外，还有订购的烤牛肉、别人送的炖鸡肉等熟食。稍微有些混杂。

❹ 面包和点心类抽屉

我很喜欢函馆的一家面包店的咸黄油面包，家里一直有冷冻的存货。另外，这里还有贝果面包、松饼、戚风蛋糕和披萨饼皮。

❺ 手工制作的半加工材料抽屉

这一层冷冻着手工水饺、肉丸子、肉酱、咖喱酱等。不是特意做出来冷冻，而是把不小心多做的部分储存起来，用的时候会很方便。

走廊里的柜子
用作食品储藏柜

　　我把走廊里的一个柜子完全当作食品储藏柜来使用。与冷藏室和冷冻室一样，里面物品的摆放位置也都是固定的。使用托盘和罐子等，可以确保每个区域的空间。装不下的部分就送给熟人或者朋友，但是要注意不能让这个区域的存储超过一定量。每次儿子回来看我，都会悄无声息地带走一部分，这也算帮了我大忙。

1 点心区

2 保存收到的礼物空闲区

3 海藻区

4 袋装调味品区

5 拌饭料区

6 鸠ZABURE❶罐子区

7 酒、调味料区

8 罐头区

9 主食区

❶ 一种奶油饼干的品牌。

空罐用来分装食材

　　住在镰仓的亲戚每年必送我的特产是"鸠ZABURE"。我把这些罐子用作食品库的抽屉。它们尺寸大小相同，可以随意组合。每个区域基本上都按照3个月1次的频率来整理。整理起来很方便，所以不用着急，可以按照自己的节奏慢慢来。存货用完后，买东西时顺便添补就可以了。

❻　鸠ZABURE罐子区

❾　主食区

Ⓐ　豆类和面筋

Ⓑ　干香菇和木耳等干货

Ⓒ　汤汁粉和清炖肉汤

Ⓓ　日本茶和红茶等茶类

Ⓔ　干面、意大利面、年糕、混合面粉

专栏　待客的招牌菜，炖猪肉和饭团

　　婚后大约12年的时间，我悠然自得地生活在大沼国定公园，那里是北海道首屈一指的风景胜地。每日映入眼帘的是明信片一般美丽的森林和湖泊的自然风光。极目远眺，所见都是无限广阔的蓝天和绿草。夜幕降临后，满天繁星仿佛坠落于此，如仙境一般。

　　我们住的房子在牧场和宾馆的一角，它们是我丈夫公司经营的。我丈夫和我年纪差很多，他是个不拘小节的人，对什么事情都敞开双臂热情欢迎，有时候一个夏天我们要迎接三千多位客人。

　　也正因如此，我经常被人问道："待客之道是什么？能不能教教我？"我并没有什么特殊的诀窍。如果硬要总结一个的话，应该是"不刻意强求"吧。

　　即使不能每次宴客都端出让人眼前一亮的新菜品，只要有招牌菜就能应对自如。

　　我的拿手菜就是炖猪肉和饭团。听上去就是很普通的家常饭吧？我一般见到客人以后再决定做什么主菜和餐后甜品。最后，带上开朗的笑容和客人进行有趣的交谈就足够了。

配菜的诀窍

第 3 章

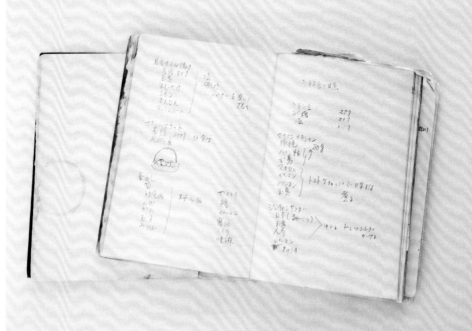

高中时期就开始写的菜谱笔记（48页的图片）。
不时回顾总能让我再次发现很多"小诀窍"。

准备好就会非常方便的
基础菜

所谓基础菜就是"小菜的原材料"。

指的是只要稍微加工就可以做成一道菜，已经提前准备好的用途多样的保存食材。它可以和蔬菜拌在一起，放在豆腐上，配面和米饭，它和作为一道菜准备的"常备菜"不是同一个概念。

只要在基础菜上花费些功夫就能做成主菜或者副菜，另外也可以把它作为提味材料使用。不论是西餐还是日式料理都能应对。制作方法也非常简单，使用的都是日常材料。有了基础菜，考虑菜谱或者准备做饭的时间会惊人地缩短。大家不需要抱着"必须做出来"的压力，在忙厨房里的其他工作时抱着轻松的心态制作就可以了。我觉得这种心态很重要。

"肉味噌"和"鸡肉饭的材料"可以装到保鲜袋里压薄后冷冻，冻硬之后竖着排列起来，不会过多占用冷冻室的空间。

腌洋葱 │ 一眨眼的功夫就能做好的副菜

这道菜是我做了40年，自己非常喜欢的一道基础菜。使用的是米醋。醋的种类可以根据大家的喜好自行选择。

将洋葱顺着纹路切丝，这样可以让它保持硬硬的状态和脆脆的口感。如果垂直于纹路切，洋葱的口感会变软。大家可以根据喜好来选择切法。

和番茄、生火腿搭配做成的"腌泡汁"是经典菜式。和土豆泥混合可以做成"土豆泥沙拉"。和炒过的土豆、培根混合可以做成"德式土豆泥沙拉"。浇在凉拌豆腐和竹轮上，加些酱油，又可以变成和式副菜。

材料（方便制作的分量）

洋葱（切丝）	1个

调味料

沙拉油	1/2杯
醋	1/4杯
盐	1/2大勺
胡椒	少许

制作方法

1. 洋葱短暂浸水后，将表面的水擦拭干净，切丝。
2. 在碗中放入调味料搅拌均匀，加入洋葱丝后搅拌。
3. 放入保存容器中，放入冰箱冷藏室。

沙拉油：醋=2：1

保存方法

如果装入塑料容器中，洋葱特有的味道会残留下来。我推荐装进玻璃容器中保存。即使这样，密封的胶圈上也会留下味道。如果能够有专用的瓶子就很方便了。

保存期限

冷藏保存1个月以上。最后剩下的汤汁也能一滴不剩地用完。

醋拌萝卜丝 | 不会非常酸方便食用

　　我家冰箱里，每到正月一定会放一瓶醋拌萝卜丝。使用家常调味品"甜醋"（73页），就可以很轻松就做出来。不要把白萝卜和胡萝卜切成细丝，要切成大约3mm的细条，那种独特的口感会让你回味无穷。

　　我还有一道经常制作的菜，是将切成细条的火腿和黄瓜、稻荷寿司的皮凉拌做成"醋拌沙拉"。和鱼糕、竹轮等鱼肉泥制品也非常搭。另外，把蒸鸡肉、炒猪肉、鲜蔬菜和法棍面包组合可以做成越南民族风味的三明治"越南法包"，非常美味。

材料（方便制作的分量）

白萝卜	500 g
胡萝卜	25 g
盐	2小捏
甜醋（75页）	2~3大勺
大阪烧调味料	少许

制作方法

1. 将白萝卜和胡萝卜切成长4mm、宽约3mm的细条，撒上盐后静置约10分钟。腌出水后轻轻挤压出。

2. 在碗中加入步骤1、甜醋、大阪烧调味料，搅拌均匀。

3. 放入容器中，保存在冰箱冷藏室。

使用甜醋
就能简单制作

保存方法

如果是塑料容器很容易留下醋拌萝
卜丝特有的气味，我推荐大家使用
玻璃瓶。即便如此，密封的胶圈上
也会留下味道。如果能够有专用的
瓶子就很方便了。

保存期限

冷藏保存大约1个月。

海水腌菜 | 像沙拉一样

　　做海水腌菜需要水500mL和1大勺盐。准备好接近海水浓度的"3%的盐水",不断加蔬菜进去。就是这么简单。

　　大约半天或一天就能腌得恰到好处。蔬菜的体积变小了,比起新鲜蔬菜更加方便食用。

　　我把它们做成沙拉来吃,切成薄片后和干鲣鱼片拌起来,浇上大阪烧调味料,做成日式副菜,美味无比,让人只要一吃就停不下筷子。另外,把茄子和黄瓜切成方便食用的大小,用芥末、酱油和腌菜汁拌在一起,做成辣味"芥末拌菜",适合搭配米饭来吃。

材料（方便制作的分量）

蔬菜（白萝卜、胡萝卜、黄瓜、茄子、水萝卜等）　　400~500g

盐水
水　　　　　　　　　适量
盐　　　　　　　　　水的重量的3%

海带（10cm）　　　1张（切块）

根据喜好酌量添加

红辣椒　　　　　　　适量
黑胡椒（粒）　　　　适量

制作方法

1. 将蔬菜切成方便食用的大小。
2. 在容器里加入浓度3%的盐水,加入步骤1和海带块,再酌情加入红辣椒、黑胡椒等。
3. 放入冷藏室保存。

浓度3%的盐水
500ml水+1大勺盐

保存方法

使用有盖子的容器保存。不需要在
意串味，使用塑料制的容器也可以。
946mL的保鲜盒很好用。

保存期限

冷藏保存4~5天。

甜辣煮香菇 | 少量即能突出味道

虽然使用的次数没有那么频繁，但这是一道非常实用的基础菜。一次不会使用太多，味道比制作稻荷寿司的皮稍微调浓一些就可以简单做出来。

它不仅可以用来作为制作散寿司和手卷寿司的材料，也可以做成便当里的配菜。我经常用它来搭配乌冬冷面等面类一起吃。仅仅是加上这么一点，味道也会非常突出，产生巨大的变化。

大家不需要特地去制作，在厨房工作的闲暇时间咕嘟咕嘟煮出来就可以了。如果煮多了，可以分装在保鲜袋内，冷冻保存。

材料（方便制作的分量）

干香菇	10个
水	适量
A	
白砂糖	2大勺
料酒	2大勺
酱油	2大勺

制作方法

1. 将干香菇浸泡在水中泡发，去除根部。

2. 将泡好的香菇连同泡过的水一同倒入锅内，开火煮，香菇完全变松软后加入A，收汁。

3. 装入保鲜袋，保存在冰箱冷冻室。

白砂糖：料酒：酱油
=1：1：1

保存方法

分别在每个尺寸为80mm×150mm的
保鲜袋中装入5个香菇保存。

保存期限

冷冻保存1个月左右。自然解冻后
使用。

肉味噌 ｜ 和面类搭配质感倍增

　　肉味噌是一道搭配面和副菜时可以增加质感的基础菜，制作方法是我从妈妈那里学来的。制作肉味噌适合使用味道浓郁的猪肉馅，也可以根据喜好添加味道清淡的鸡肉馅。

　　好吃的秘诀是炒肉馅的方法。肉馅倒入平底锅后不要立即翻炒，而是静置到肉成型。这样可以使肉的鲜美保存下来。

　　我从小就喜欢吃在中式面里加猪肉味噌的炸酱面。加在乌冬冷面或者意大利面里面也非常好吃，浇在焯熟的蔬菜和凉拌豆腐里，可以做成一道让人大饱口福的副菜。

材料（方便制作的量）

绞猪肉馅	200g
洋葱（切末）	1个
大蒜（切末）	1瓣
姜（切末）	1片
色拉油	1/2大勺
A	
水	1/4杯
鸡精（颗粒状）	1大勺
味噌	60g
市面上卖的烤肉酱	1大勺

做法

1. 在平底锅内倒入色拉油、大蒜、姜，开小火。爆出香味后倒入洋葱，中火炒。
2. 洋葱变软后，拨到平底锅的一侧，在空出的地方放入绞猪肉馅。不要翻炒，暂时静置。等肉烤上色后慢慢翻炒，和洋葱一同翻炒。

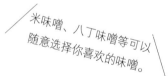
米味噌、八丁味噌等可以随意选择你喜欢的味噌。

3. 在2中加入A，翻炒，加入烤肉酱调味。

4. 装入保鲜袋，冷冻保存。

保存方法

使用尺寸为100mm×190mm的保鲜袋。每袋100g。

保存期限

冷冻保存约1个月。自然解冻后使用。

鸡肉饭的调味料 | 忙碌日子的好帮手

我的儿子非常喜欢吃鸡肉饭。参加社团活动或者放学回家晚的时候，如果给他做鸡肉饭，他会非常高兴。但是，做的时候又切又炒很费时间。于是我想到了鸡肉饭的基础菜。加上蘑菇罐头，味道更佳。

将鸡肉饭的调味料解冻后和米饭混合，一眨眼的功夫就能做出一道鸡肉饭。鸡肉饭用鸡蛋包起来就是蛋包饭，浇上白色酱汁（64页、65页）放入烤箱，就能做出好吃的饭了，非常有意思。

调味料（成品600g分量）

鸡腿肉（切成1cm大）300g	
洋葱（切小块）	1个
蘑菇片（罐头）	1罐
黄油（不使用食盐）	20g
色拉油	1大勺
盐	1小勺
胡椒	少许
A	
番茄酱	2大勺
清汤（颗粒）	2小勺
红辣椒粉	2大勺

做法

1. 在平底锅内放入黄油和色拉油，开中火，炒洋葱。

2. 洋葱变透明后，拨到平底锅的一侧，在空出的空间炒鸡腿肉，肉炒熟后加入蘑菇片，慢慢翻炒。

3. 在步骤2中加入A，翻炒，加入盐、胡椒调味。

4. 装入保鲜袋，冷冻保存。

使用红辣椒粉
着色调味。

保存方法

使用尺寸为100mm×190mm的保鲜袋。每袋150g。

保存期限

冷冻保存1个月左右。自然解冻后使用。

白色酱汁 | 拓宽料理领域

在我的料理课上，很多年轻的学生反映，"做白色酱汁的时候容易出现面疙瘩，总是失败，一般不会自己主动去做"，对此我感到非常吃惊。这里介绍一个即使是初学者也不会失败的制作方法。将牛奶加热后再加入面粉然后搅拌就不容易产生面疙瘩了。

冷冻过的白色酱汁要自然解冻后使用，解冻后的白色酱汁如果变干不再柔滑，可以加入牛奶稀释后使用。

奶汁烤菜、多利安饭、意式千层面、意面的酱汁、炖菜等不论是主菜、副菜还是汤，只要有白色酱汁，料理的领域可以扩宽到出人意料的程度。

材料（做成后200g左右）

含盐黄油	20g
小麦粉	2大勺
牛奶	2杯
清汤（颗粒）	1/2小勺

做法

1. 在锅中倒入牛奶，开中火，加热至沸腾。外圈泡沫沸腾后关火。

2. 在平底锅内加入黄油，开小火溶解，注意不要烧焦。溶解后加入小麦粉充分搅拌。

3. 煮沸后倒入碗中，加入步骤1中充分搅拌。

4. 在步骤2的平底锅内倒入步骤3的材料。开中火，加入清汤后搅拌煮至黏稠。

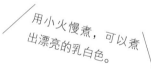
用小火慢煮，可以煮出漂亮的乳白色。

5. 倒入保存容器内，冷冻保存。

注意：碗和打泡器如果是金属制的，酱汁容易串上金属的味道。我推荐容器和打泡器使用有耐热性的、硅制的。

保存方法

使用有盖子的容器保存。不用担心串味，可以使用塑料制的保鲜盒。可以使用59mL保鲜盒。

保存期限

冷冻保存1个月左右。自然解冻后使用。

肉酱 | 冷冻室的美味保险

　　基础菜中肉酱是一个特殊的存在。使用红酒和棕酱等稍贵的材料制作时要稍微费些功夫。做出的味道是绝妙的。

　　我曾一次做过比下面讲的量多好几倍的肉酱。制作肉酱时需要鼓起干劲。做多了就存起来，做顺手后可以一次多做点。我的女儿和儿子非常喜欢吃，我经常分给他们。

　　这种肉酱不仅可以做成意面的酱汁，和白色酱汁（64页、65页）搭配还可以制作千层面，招待客人时总是大受好评。

材料（做成后600g的分量）

合绞肉馅	160g
红酒	2大勺
洋葱（切末）	1大个
大蒜（切末）	1瓣
姜（切末）	1片
色拉油	2大勺

A

水	1杯
清汤（颗粒）	2小勺
番茄酱	150g
市面上卖的棕酱	
（或者酱汁素）	20g
砂糖、盐	各1小勺
月桂叶	1枚

制作方法

1. 在合绞肉馅上洒上红酒。

2. 在平底锅内倒入色拉油，开小火，炒大蒜和姜，爆出香味后倒入洋葱，开中火炒。

牢记合绞肉馅成型后再翻炒。

3. 炒出油后，拨到平底锅的一侧，在空出的空间倒入步骤1。不要翻炒，先静置上色后慢慢拨动，和洋葱混合翻炒。

4. 在步骤3中加入A，小火煮。肉里渗出透明的红黑色的油后完成。

5. 装入保鲜袋，冷冻保存。

保存方法

使用尺寸为100mm×190mm的保鲜袋。每袋装100g。

保存期限

冷冻保存约3个月。自然解冻后使用。

 # 制作料理时，不要忘记面带笑容

　　我已经在友人会做了近30年的料理制作讲师，已经教给了很多人很多做饭的方法。

　　面对已经熟悉厨房工作的高手主妇们，教给她们简单又好吃的菜谱；面对新晋妈妈们，教给她们料理的基础和可以节省时间的方法；对于小学生，以不让她们挑食为理念，准备让小孩子对食物产生兴趣的内容。

我最想告诉大家的是，做饭时心中要想象着吃饭的人的开心笑容。这份心情是最重要的。这就是所谓的"待客之道"。

　　我们每天都用一日三餐招待家人，这是一件多么了不起的事情。

　　现在我没办法像以前家人还在身边时那样看到他们幸福满足的表情了。我有时候会想，也许上天是为了让我能看到更多欢乐的笑容才赐给我料理制作讲师和料理书作家的工作的吧。

味道的模板
这种思考方式

我觉得做料理的一大难点是"调味料"和"混合调味料"。购买自己没见过的酱汁、沙司、调料汁是很有趣的。我非常能理解这种心情。想象着自己做饭的技艺变得高超，会十分兴奋。

但是这些调料总是用不完，不知什么时候就堆放到厨房或者冰箱的一角。最后这些调味品就变成了"必须用完"的心理负担。

这里我想教给大家"味道的模板"这种方法。

这种方法可以激发食材本身的美味，诱发人们的食欲。将酱油、醋、料酒、盐和砂糖等调味料按照比例调配，以这种简单又好吃的调味为基准，再拓宽开来，味道的领域也会不断扩展。增加自己的拿手菜，并不需要太多的调味料。

下面我要介绍的是"照烧酱""甜醋""中式酱汁"这三种调味料。每一种都是平日里会使用的调味料，准备充分使用起来会非常方便。我每次都在快用完的时候做好，保证它们"不断货"。

照烧酱
甜醋
中式酱汁 | 一样在手，决定美味

　　照烧酱是能够瞬间决定美味的万能调料。将用来涮火锅的猪五花肉炒一炒，撒上胡椒和蒜末，放在米饭上，再浇上照烧酱，不一会儿就做出了猪肉盖浇饭，味道超赞。

照烧酱

照烧酱

将照烧酱浇在烤过的鸡腿肉上拌匀，可以做出一道烤鸡肉风味的菜。我在炖菜中也经常使用照烧酱。甜醋不仅仅能作为寿司醋使用，作为醋拌萝卜丝、醋拌姜丝等凉拌菜的酱汁和蔬菜一起拌着吃最合适不过了。

　　我不太喜欢市场上销售的中式凉面酱汁里的甜味，于是经常在夏天常做的中式冷面上浇上自己做的中式酱汁。拌豆腐、沙拉和炒蔬菜料理中使用中式酱汁会使味道清爽，非常好吃。

照烧酱汁的比例

酱油　　　料酒
1 ：2

照
烧
酱
汁

材料（方便制作的分量）

| 料酒 | 2杯 |
| 酱油 | 1杯 |

做法

1. 在锅中倒入料酒和酱油，开大火，沸腾后转小火。煮至分量减半。期间不断撇除浮沫。

2. 倒入容器，放入冰箱冷藏保存。

保存期限

冷藏保存约6个月。

甜醋的比例

醋	砂糖	盐
杯	大勺	大勺
1 :	5 :	1

材料（方便制作的量）

醋	1杯
砂糖	5大勺
盐	1大勺

制作方法

1. 将全部材料混合，不加热也
   没关系。

2. 倒入保存容器内，冷藏保存。

保存期限

常温保存6个月左右。

中式酱汁的比例

酱油	醋	砂糖	香油
4 :	2 :	1.5 :	1

材料（方便制作的量）

酱油……4大勺

醋……2大勺

砂糖……1勺半

香油……1大勺

盐……1捏

胡椒……少许

制作方法

1. 将全部材料混合，无须加热。

2. 倒入保存容器内，冷藏保存。

保存期限

冷藏保存3个月左右。

调味汁的保存方法

我建议将市场上售卖的装调味料的
玻璃瓶加热消毒后再次利用。液体
不会漏出来，使用很方便。

喜欢的砂糖、盐、味噌等调料

　　我喜欢用细砂糖，不仅使用方便，而且不会产生涩味。三温糖容易把料理的颜色染成茶色，并且味道也不清爽，所以我基本不用。

　　另外，我会买很多种类的盐，觉得它们很有意思。出去旅游时或者看到商场的地下超市里有，总是忍不住去买。

　　我会常备米味噌和八丁味噌。因为并不是每天都吃味噌汤，所以不需要买太多。准备一小部分就足够了。如下所示。

　　①细砂糖　②藻盐　③熏制盐　④海带盐　⑤米味噌　⑥香草盐　⑦芥末盐　⑧八丁味噌。

鲣鱼海带汤、鸡精等常用的市面上卖的调味料

　　我也经常使用市面上卖的调味料。如果找到好用的调味料，能瞬间提升味道。我很喜欢用鲣鱼海带汤、蔬菜汤和鸡精等。另外，我也很喜欢用低盐酱油汤汁，用了30多年。生酱油一般用来吃寿司、煮鱼或者制作照烧酱。找到自己喜欢的调味品，厨房里的工作量会减轻不少。

　　接下来介绍我的常备品：①蔬菜汤　②桃屋的泡菜　③鸡精　④不添加化学调味料和防腐剂的茅乃舍汤汁　⑤低盐酱油汤汁　⑥橙醋酱油。

第 4 章

菜谱的诀窍

"咚咚咚"韵味十足的切菜声,切丝时用好用的小菜刀,熟练而有节奏。

告别墨守成规
的主菜料理方法

犹豫着"今天的主菜做什么呢",最后还是选择做以前做过的菜,这样的主妇们不在少数。是做肉还是做鱼?每天都要考虑这类问题非常费时费力。

让主菜不再千篇一律的秘诀是什么呢?是料理方法不与昨天和前天重复。采用不同的料理方法,即使是相同的食材也能变换成很多不同的料理。自然的无数变化,让生活也变得极富娱乐精神。

不经常制作的鱼类也可以通过"生"和"蒸"这两种方法简单制作出美味料理。

下面记述的主菜制作方法展示表是让每天的主菜制作变得轻松简单的"得力助手",请大家一定要参考。

主菜制作方法展示表

	合绞肉馅	鸡肉	猪肉	牛肉	鱼类
生					干酪 生鱼片
烤	豪华 汉堡肉				
炒			姜丝 炒肉		
炖				厨房 火锅	
炸		油淋鸡			
蒸					蒸鱼和蒸 蔬菜拼盘
煮			煮猪肉配 芥末酱油		

填入经常制作的家人喜欢的菜品吧,养成用展示表决定主菜的习惯,可以减轻很多烦恼。

生

使用制作生鱼片
专用的鱼肉

    不用火的料理可以节省时间并减少工序，在忙碌的日子里能省下不少功夫，所谓生，大抵是指生鱼片，买鱼肉块也好，买成片也可以。

    我喜欢用生鱼片蘸酱油吃，最喜欢浇了橄榄油的"干酪生鱼片"。虽然名字感觉听上去像一道前菜，但是在味道上下些功夫就能变成一道豪华的主菜。使用的鱼不仅限于加吉鱼、比目鱼等白色的鱼，扇贝、章鱼或者红色的金枪鱼也很好吃。

    吃的时候蘸橙醋或者酱汁吃，想要更厚重的口感可以蘸用蛋黄酱调制的酱油。脱离日式的束缚，就能品尝到更多味道。

    另外，如果是用几种生鱼片合起来做生鱼片拼盘的话，我推荐做成生散寿司或者生鱼片盖浇饭等，以正统日式料理为基础进行扩展。

干酪生鱼片

（材料和制作方法见117页）

烤

使用合绞肉馅

　　"烤"这种烹饪方法可以激发食物原有的美味，是人类自古以来就使用的烹饪手法。制作的工具多种多样，有平底锅、烤架和烤鱼网等。

　　我喜欢用平底锅和烤鱼网。因为现在是一个人住，用热铁盘热热闹闹地制作铁板烧的机会减少了。不再经常使用费时的烤箱制作食物，取而代之的是用微波炉加热，用烤面包机或者烤鱼网烤上色。

　　提到平底锅烤的食物，不得不提"汉堡肉"，然后就是"烤牛排""照烧烤鸡""饺子"。煎汉堡肉饼的同时在平底锅的空余部分放入番茄，这样肉饼和番茄可以同时做好。不仅节省工序，而且这种简单的制作方法也能呈现出一种豪华感，这是一个小诀窍。

豪华汉堡肉

（材料和制作方法见118页）

炒

使用猪上脑
（姜丝炒肉）

　　"炒"这种烹饪手法是使用少量的油，开中火或大火迅速加热，是具有代表性的中式料理方法。炒这种方法即使是不会做饭的男士们也一定用过。虽然是很普通的方法，但是做到炒得好吃并不容易。

　　我们家的招牌菜是"姜丝炒肉"。这道菜不仅能用猪上脑，也可以使用猪里脊。

　　一般来说，应把猪肉事先用酱油腌过再炒。而我一般先把猪肉炒至七分熟，将搅拌好的姜丝和酱油倒上迅速翻炒，然后关火。炒的时间大约为1分钟。这样既简单又美味。

　　做的时候不要忘记提前将调味料调好。这样的话不会出现调味不均匀的情况。做好后要趁热盛出装盘，防止锅的余热把肉炒老。

姜丝炒肉

（材料和制作方法见119页）

炖

使用切成小片的牛肉

　　"炖"是在日式料理中最受欢迎的烹饪方法。土豆炖牛肉、南瓜炖菜都是必不可少的副菜。

　　如果制作主菜，我推荐做炖的时间比较短的料理。厨房火锅就很合适。之所以叫厨房火锅，是因为火锅是在厨房做好端上餐桌然后分餐。最后可以用鸡蛋勾芡，赶时间的时候也可以直接浇在米饭上做成盖浇饭，是一道非常省事的菜。

　　另外，"爽口鸡肉"也是我的拿手好菜，将酱油、醋、砂糖、料酒按照2:1:1:1的比例调配成酱汁，再把鸡翅、一口大小的鸡腿肉和酱汁一起炖，以大火收汁即可。简单而不费事。

　　炖的料理做起来很花费时间，所以我一直没什么机会做。就像牛肉炖菜就是特别的日子里的豪华菜品，是在有闲暇时才能制作的奢侈料理。

厨房火锅

（材料和制作方法见121页）

炸

使用鸡腿肉

　　"炸东西的话，处理剩下的油很麻烦……"我经常听到有人这样说。但是，熟悉炸这种烹饪手法后，拿手菜的种类会不断增加。炸的料理看上去豪华，味道很有质感，不需要复杂的调味，简单撒些盐，就会无比美味。家人会非常开心，而且制作非常简单。

　　麻烦的是处理使用过的油。只要准备一个油瓶，问题就能轻易解决。现在有很多家庭没有油瓶。请大家一定要试试我的方法。

　　孩子们小的时候我经常一周做一两次油炸食品。因为这是最省事的。平时多做些油炸食品，就会慢慢习惯处理炸过的油。这些油不要立即倒掉，可以煎饺子或者炒菜时使用。这些油里面留着炸的东西的味道，做出的菜有令人回味的美味。

油淋鸡

（材料和制作方法见123页）

蒸

使用稍稍腌制的
鳕鱼（鱼块）

　　蒸的料理作为主菜来说，会给人一种简单朴实且味道清淡的感觉吧。但是，把买来的白色鱼块加上大葱、茼蒿等喜欢的蔬菜以及蘑菇、裙带菜、豆腐等一起蒸，就能做出一道分量十足且非常丰盛的菜。

　　白色的鱼肉搭配任何食材都非常美味。另外，鲑鱼也很好吃。搭配鸡肉和猪肉也都很不错。大家可以发挥才能自由组合。

　　蒸的食物的调味非常简单。蒸之前，可以简单地撒点盐和洒些酒入味。蒸好后，蘸自己喜欢的调料来吃就可以了。另外，只要蒸锅里的水不被耗干，就不用担心会被烤焦，基本上不会制作失败。

　　我很喜欢用LE CREUSET（酷彩）的蒸锅，如果有硅胶料理盒，就可以用微波炉蒸了，更加方便。

蒸鱼和蒸蔬菜拼盘
（材料和制作方法见125页）

煮

使用猪上脑
（块状）

　　如果发愁前期怎样处理食材，"煮"是一个很好的方法。主妇们，让汤沸腾起来吧。

　　煮过的肉以及虾、乌贼、章鱼等海鲜类仅仅是搭配芥末酱油或是橙醋、蛋黄酱+味噌、蛋黄酱+酱油、蛋黄酱+盐腌海鲜等特制酱汁，就会让味道瞬间变得与众不同。

　　煮的窍门是在水里加入盐和酒。用普通的锅煮的时候（水约2L），加入1小捏盐和1大勺日本酒。盐可以提高汤的沸点，达到高温烹调的效果，让食物中的纤维变得更柔软。日本酒是能够让食物变得更好吃的神奇调料。想要去除猪肉等煮的时候产生的腥味，可以加入有香味的蔬菜如紫苏、葱、西芹等。

　　我喜欢煮的一道菜是猪上脑做的"煮猪肉"和猪五花肉做的"猪肉荞麦冷面"。煮过的猪肉不需要浸入水中，直接放到笼屉上自然冷却，肉的鲜味就不会流失。

煮猪肉配芥末酱油

（材料和制作方法见127页）

简单的切丝蔬菜制作的副菜和汤

虽然用肉和鱼做了主菜，但是有时候会忽然发现，哎呀不好了，一道蔬菜都没有做！我想大家都遇到过这种情况。越是忙碌的时候，越容易忽略蔬菜。

　　菜单中如果能够加入蔬菜来平衡营养的话，日常饮食也会安排得更加合理。为此，准备好副菜和汤等"加入很多蔬菜"的菜谱是我制作料理的一个小诀窍。

　　即使是同样的蔬菜，切法不同，味道也会相应变化。切薄片、切圆片、切方块……有各种各样的切法。我最推崇的切法是长约3cm、宽1~2mm的"切丝"。

　　蔬菜切丝最大的好处是可以缩短制作时间。比起切成大块的蔬菜，切丝的蔬菜能够更快地熟透。锅中食材只要煮开一次即可，另外，吃起来也很方便。孩子或者老年人如果咬大块的东西会很费力。其次，形状也能够完整统一，让菜的外观更美观。

　　如果使用好用的菜刀，切起来不会花费很多时间。按照节奏来切，会轻松愉快，还能够消散压力。

副菜

与盐昆布搭配

使用盐昆布
作调料

　　这道菜只需要将切丝的蔬菜和盐昆布拌在一起。2~3分钟即可完成，这是一道非常简单的副菜。这样简便快速就能做好的菜加到自己的拿手好菜中，遇到紧急情况可以帮上大忙。

　　这道菜的关键就是"盐昆布"。我经常听到很多人说"感觉菜总是不好调味……"盐昆布是一种本身就自带调味功能的超级调味品。利用海带的鲜美、酱油的风味，可以调制成甜咸适度的出色菜品。而且保存时间很长，请大家一定要试一试。

　　还有一件事就是，希望大家能够记住"简单和敷衍完全不同"。青椒或者胡萝卜都是这样，加上"简单煮一下"这道工序后，能够去除其独特的苦味，且能防止掉色。

　　如果偷懒而省掉这个工序，美味就会减半，变成简单敷衍的料理，这点一定要注意。

青椒和胡萝卜丝拌盐昆布
（材料和制作方法见128页）

和汤搭配

使用口感独特
的鲜香菇

这是一道将蔬菜丝和清汤搭配在一起的简单的汤。换句话说，感觉上像一道"煮的沙拉"。虽然简单，却非常好喝。一次可以吃到75~100g的蔬菜。

如果是土豆或者裙带菜的味噌汤的话，制作起来意外地很花费时间。在非常忙碌的日子里，需要能够方便快速地制作的汤。不仅使用切丝的蔬菜，还要加上鲜香菇，味道会生出多种变化，很受欢迎。

另外，像裙带菜和海蕴等海藻类、豆腐和油炸豆腐等油炸食品等，"最近没怎么吃"的食物也可以加进去。

把这些加入锅中煮沸，一道汤就完成了。

汤不仅限于清汤，鸡汤、日式高汤、味噌汤等任何喜欢的汤都可以。

蔬菜丝汤

（材料和制作方法见129页）

忙碌日子里的
盖饭和面类

以前，我傍晚时分要出门的时候一定会准备好煮好的料理。因为是前一天就煮好的，每次回到家中，厨房里都飘着一股味道，感觉很令人厌烦。好不容易准备好了，却不想吃了。

后来我就放弃了煮东西。而是买些生鱼片回来，在铁板上做铁板烧。即使回到家后再准备，也不会花费很多时间。

这样虽然很方便，但是做铁板烧的时候桌子被弄得很脏，做饭的时候很省事，之后收拾起来却很花费时间和精力，让人厌烦。后来就觉得这样不太适合我的生活。

于是最后我决定做能快速做好的盖饭和面类。简单来说，忙碌的时候能做的是一个碗就能装下、准备和收拾都很简单方便的料理。

我就是这样在不断地调整变化中和厨房里的工作正面交锋，不断解决育儿过程中遇到的各种难关。

5分钟完成

使用冷冻米饭

在孩子成长的那段时期，我很长一段时间都在做盖饭。孩子是很没有耐心的，听着他们"我肚子饿了"的大合唱来准备料理很有压力。这个时候只需5分钟就能完成的盖饭可以发挥大作用。

现在的我在需要外出的日子里，晚饭仍然会做盖饭，在解冻冷冻米饭的时候可以准备好配菜，非常轻松。

在孩子们食欲旺盛的时候，我制作的牛排盖饭大受好评。不需要非常高级的牛肉，只需要在米饭上盖上撕碎的海苔和用黄油烤得恰到好处的牛排即可。如果想发出香味，可以在烤的时候加入适量的大蒜。

牛肉和猪肉不同，不需要完全烤熟，在赶时间的时候能够帮上大忙。

简便牛排盖饭

（材料和制作方法见131页）

10分钟完成

使用煮过的乌冬面

如果使用干面条，煮起来很费时间，但是使用煮好的乌冬面或者冷冻乌冬面就会非常轻松。使用乌冬面制作简单但又色香俱全的一道菜就是"炒乌冬面"。

使用的材料有鸡腿肉、鱼糕、麦糠、喜欢的蔬菜以及基础菜里面的甜辣煮香菇（58页、59页）等。

另外，可以用虾和油渣儿代替天妇罗炸虾。在虾的旁边放上油渣儿，吃的时候可以品尝出天妇罗炸虾的味道。这个创意希望大家能够记住。

最后打一个鸡蛋进去就完成了。只需10分钟就能做完，家人们也会非常开心。这是一个非常实用的菜谱。

油渣儿可以在卖天妇罗的店里买到。一般用不到的时候，为了防止变质变味儿，我会把它装在保鲜袋里冷冻起来。

配菜丰富的煮乌冬面

〔材料和制作方法见132页〕

星期一 用冷冻室里储存的猪上脑快速制作男士和孩子喜欢的主菜

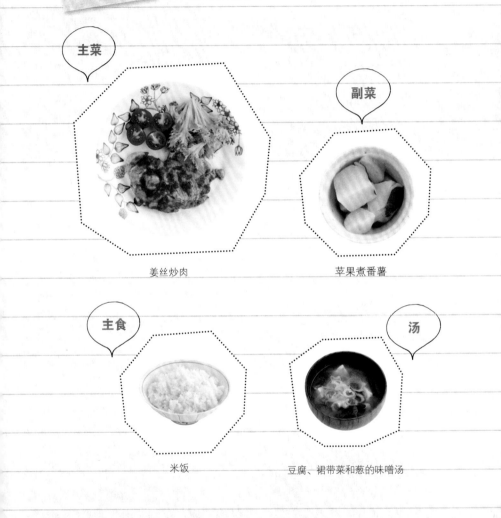

主菜

姜丝炒肉

副菜

苹果煮番薯

主食

米饭

汤

豆腐、裙带菜和葱的味噌汤

诀窍 将分量十足的姜丝炒肉和加入很多配菜的味噌汤以及甜味副菜组合起来。"苹果煮番薯"是将苹果和番薯切成方便食用的大小，和水、砂糖、黄油一起煮。如果一次制作太多，可以放入冷藏室储藏。

星期二　没有特色的盒装生鱼片也能根据创意变身豪华主菜

主菜

干酪生鱼片

副菜

青椒和胡萝卜丝拌盐昆布

主食

米饭

汤

油炸豆腐和茄子的味噌汤

诀窍　味道清淡的白色鱼肉的干酪生鱼片和凉拌盐昆布搭配有嚼劲的味噌汤。如果是年轻人觉得只有干酪生鱼片不够的话，可以在酱汁里加入蛋黄酱把味道变得浓厚。味道会出人意料地变幻无穷。

星期三 灵活选用冷藏室里的蔬菜、豆腐、魔芋丝、基础菜和冷冻米饭

主菜
副菜

厨房火锅

主食

米饭

副菜

海水腌菜

诀窍 在餐桌上准备一个小炉子……这样说会有人觉得很麻烦。如果是只在厨房制作的火锅就会非常简单。把基础菜的海水腌菜放到碗里，解冻冷冻米饭就可以了。既方便又美味的晚餐就这样完成了。

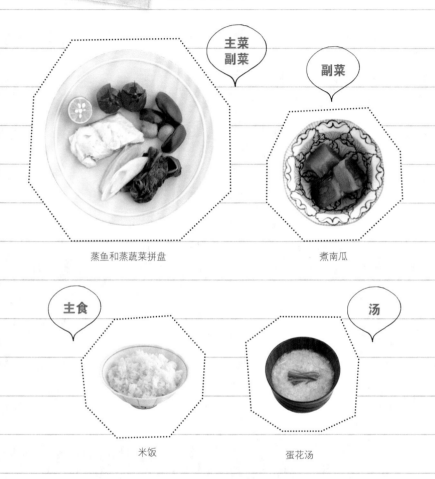

星期四 鱼和蔬菜一起蒸,不用花费太多时间也能享受美味

主菜
副菜

副菜

蒸鱼和蒸蔬菜拼盘

煮南瓜

主食

汤

米饭

蛋花汤

诀窍 考虑到营养和颜色的平衡,将煮蔬菜和蛋花汤搭配起来。"煮南瓜" 是把切成方便食用大小的南瓜用水和糖煮成的一道经典菜。"蛋花 汤"的制作只需要将鸡蛋加入酱油底的高汤中煮即可。

星期五 即使疲惫不堪也能轻松制作营养均衡
的三道菜

**主菜
主食**

简便牛排盖饭

副菜

凉拌番茄和洋葱

汤

搭配蔬菜丝的汤

诀窍 星期五很容易发愁做什么菜。主菜和主食合二为一的饭菜+副菜+

汤=三道菜，只要记住这些不仅不会被认为是偷懒，而且还能做出

让家人们非常开心的晚饭。这个时候基础菜能发挥大作用。

星期六

装在一个盘子里,展现休息日特有的特色菜趣味

主菜
副菜
主食

汤

豪华汉堡肉

玉米浓汤

诀窍 主妇们也想轻松度过休息日。即使是普通的饭菜,装到大盘子里组成一个拼盘也会大不相同,餐桌的气氛会焕然一新,家人们也会兴奋不已。"玉米浓汤"是将玉米罐头中的玉米粒打成浆,和牛奶混合,最后加入黄油制作完成的。

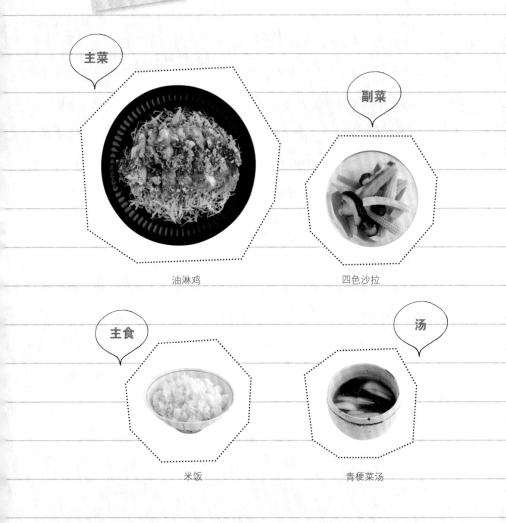

星期天

闲暇的周日挑战平常不制作的油炸食品

主菜

油淋鸡

副菜

四色沙拉

主食

米饭

汤

青梗菜汤

诀窍 和油炸食品搭配的全部是蔬菜。"四色沙拉"是将煮过的胡萝卜、鲜香菇、芹菜和罐头的嫩玉米用盐和香油凉拌的菜。"青梗菜汤"是在鸡汤里加入青梗菜制作的中式风味的汤。

（材料和制作方法见127页）

甜品

快乐的餐后甜点

水果酸奶

　　"餐后甜点"是餐后简单的甜点。甜点是对精神的奖励，想到这些就能在心中原谅自己的贪吃。

　　餐后适合吃给胃带来负担少的清淡食物。我喜欢选择水果，能吃到时令水果总是令人非常满足。

　　想要增加分量的时候，可以加入一些酸奶。这样不仅增加满足感，而且既清淡又美味。

　　想要做得丰盛一些时，可以在酸奶里加入鲜奶油，只需一点，就可以使其变成很有质感的西式甜点。

　　孩子们还小的时候，我会用水果罐头做成水果宾治风味的甜点，或者用果汁制作手工果冻。

　　不论是和家人一起生活还是一个人生活，品尝餐后甜点时间都是可以令人放松的幸福时光。

材料和制作方法

生鲜

干酪生鱼片

材料（2人份）

做生鱼片用的鱼块　　150g

调味料

大葱（切小块）绿紫苏（切细丝）
野姜（切细丝）姜（切细丝）如果
有加入红蓼　　　　　适量
橄榄油　　　　　　　1大勺

酱汁

橙醋　　　　　　　　3大勺
柚子胡椒　　　　　　2小勺

制作方法

1. 将鱼块片成方便食用的生鱼
   片，排列在容器内。
2. 撒上调味料，均匀地淋上橄
   榄油。
3. 吃的时候蘸上酱汁。

豪华汉堡肉

材料（2人份）

A

合绞肉馅	200g
洋葱（切碎）	半个
面包粉	半杯
牛奶	1/4杯
鸡蛋	半个
盐	1/2小勺
黑胡椒、肉豆蔻粉	各撒两次

顶部配料

番茄切片	2片
芝士	40g

配菜

西蓝花（盐水煮过）	适量
土豆（切成方便食用的大小）	适量
油	适量
黄油米饭（2碗米饭添加10g黄油搅拌）	2碗
黑胡椒	适量

制作方法

1. 在碗中加入A，搅拌至出现黏性。分成2等份，一边拍打出空气一边塑型。

2. 在平底锅内倒入油，开中火加热，将步骤1和番茄两面煎熟。

3. 在汉堡肉上放上番茄片和芝士，芝士熔化后即可出锅。

4. 盛入容器，并撒上黑胡椒，加上黄油米饭、西蓝花、油炸过的土豆。

炒

姜丝炒肉

材料（2人份）

猪上脑
（炒姜丝用） 200g
色拉油 1/2大勺

A（搅拌均匀）

酱油 2大勺
姜（擦丝） 1勺半
酒 1大勺
砂糖 1/2大勺
配菜
小番茄
（对半切开） 4个
球形生菜（撕成方便
食用的大小） 适量

制作方法

1. 在平底锅内倒入色拉油，开中火加热，将猪上脑平铺在平底锅内，注意不要重叠，快速煎熟两面。不需要煎至全部熟透。

2. 将A均匀地浇在猪肉上，烧至汤汁剩少许，关火。

3. 盛入容器，加上小番茄和生菜叶。

厨房火锅

材料（2人份）

牛肉片（切成方便食用的大小）	200g
大葱（斜着切成段）	2根
茼蒿（除掉硬的杆，取上半部分）	1/2把
烧豆腐（切成4等份）	1/2块
细魔芋丝（切成方便食用的大小）	1/2盒

调料汁

高汤	3/4杯
酒	1/4杯
酱油	1/4杯
砂糖	3~4大勺

制作方法

1. 在浅锅中倒入调料汁，开大火，煮沸。

2. 加入牛肉片、大葱、茼蒿、烧豆腐、细魔芋丝后开中火。煮至入味。

3. 把浅锅端到餐桌上，吃的时候分盛。

油淋鸡

材料（2人份）

鸡腿肉	1块
盐	1/3小勺
酒	1/2大勺
淀粉	适量
油	适量

A（搅拌均匀）

大葱、姜（切碎末）	2大勺
酱油	2大勺
砂糖	1/2大勺
醋	1/2大勺
香油（或辣油）	1/2小勺

配菜

生菜（切丝）	适量

制作方法

1. 在鸡腿肉厚的部分入刀，撒上盐和洒上酒调味，静置30分钟。

2. 擦去步骤1中的水分，蘸满淀粉，抖掉多余的粉。

3. 在平底锅中热油（180～190℃），皮朝下放入步骤2，待表面变硬后，改小火，慢慢炸。

4. 中途取出鸡腿肉，将油温加热到高温后再次放入鸡腿肉炸。

5. 在餐具内铺上生菜，将步骤4切成方便食用的大小，盛入餐具。浇上A。

蒸鱼和
蒸蔬菜拼盘

材料（2人份）

微咸的鳕鱼　　　　　2块
注意：如果鱼肉没有咸味可以撒上
一捏盐

酒　　　　　　　　　2大勺
蟹味菇　　　　　　　6根

A

小番茄　　　　　　　4个
茼蒿（除掉硬的杆，
取上半部分）　　　　1/2根
大葱（斜着切成段）　10cm

B（搅拌均匀）

橙醋　　　　　　　　适量
七香辣椒粉　　　　　适量
根据喜好添加酸橙汁　1个

制作方法

1. 在微咸的鳕鱼上洒上酒调味，静置20分钟。

2. 在蒸锅内放入步骤1、蔬菜A、蟹味菇，开大火，蒸7~8分钟。

3. 吃的时候蘸调料汁B。

煮猪肉配芥末酱油

材料（2人份）

猪上脑（猪肉块/垂直
于纹路切成半块） 500g

A

大葱的青叶部分	1根
大蒜（捣碎）	1瓣
姜（切片）	1片
盐	1捏
日本酒	1大勺

配菜

大葱（白色部分/切丝）、	
黄瓜（切丝）	各适量
芥末酱油	适量

制作方法

1. 在锅内倒入清水，水没过猪上脑，加入A（先不要加入猪肉），开大火。

2. 水烧至50～60℃（手指触碰后会立即缩回的温度），加入猪肉，沸腾后改小火煮30～40分钟。

3. 将步骤2切成方便食用的大小，装入容器。用大葱和黄瓜装饰，吃的时候蘸芥末酱油。

蔬菜丰富的副菜和汤 青椒和胡萝卜丝拌盐昆布

材料（2人份）

青椒	3个
胡萝卜	20g
盐昆布	20g

制作方法

1. 将青椒逆纹路切成丝。胡萝卜顺纹路竖向切成薄片后切丝。

2. 待锅内水沸腾后加适量盐（分量外），加入步骤1后迅速在热水中焯一下。为了防止褪色，捞起后过冷水，然后沥水，和盐昆布拌在一起。

蔬菜丝汤

材料（2人份）

黄瓜、胡萝卜、
竹笋、大葱
（全部切丝）、
鲜香菇（切薄片）　共150g
玉米浓汤　　　　2杯
注意：2杯水里溶解2小勺玉米浓汤
（颗粒）

制作方法

在锅内倒入玉米浓汤并煮沸，再倒
入蔬菜丝和鲜香菇片煮至沸腾。

简便牛排盖饭

材料（2人份）

米饭	2碗
烤海苔（撕成方便食用的大小）	1/2张
牛排用瘦牛肉（牛臀尖肉等）	1片（150~200g）
盐、胡椒、大蒜粉	适量
黄油	15g
酱油	2大勺
酒	2大勺

顶部装饰

青葱（切小块）	适量
辣根（研磨）	适量

制作方法

1. 在牛排用瘦牛肉上撒盐、胡椒、大蒜粉调味。

2. 在平底锅内放入黄油，开中火加热。将步骤1的两面煎熟，根据喜好选择熟度。

3. 在平底锅内煎出的肉汁里加入酱油和酒，迅速煮开。

4. 在大碗里盛上米饭，撒上撕碎的烤海苔，将步骤2摆好，均匀地浇上步骤3的调料汁。撒上青葱，放入辣根，完成。

配菜丰富的
煮乌冬面

材料

煮乌冬面	2份
卤汁（根据清汤面的浓度来）	3杯

配菜

鸡腿肉（切成方便食用的大小）	60g
大虾	2大只
油渣儿	适量
鱼糕	4片
麸皮	4片
甜辣煮香菇（58页、59页）	2个
大葱（斜着切成段）	适量
小油菜（切成方便食用的大小）	适量
鸡蛋	2个

制作方法

1. 一份一份地做。在单人用锅中放入煮乌冬面，上面铺上配菜，中间打入一个鸡蛋。大虾旁边放上油渣儿，吃的时候会变成天妇罗风味。

2. 倒入面汤开小火，配菜煮熟且汤咕嘟咕嘟冒泡时关火，完成。

水果酸奶

材料（2人份）

柿子（切成方便食用的大小）	1个

A（搅拌至柔滑）

纯酸乳酪	100g
柠檬汁	约1小勺
白砂糖	约1大勺
根据喜好加入鲜奶油	1大勺

顶部装饰

薄荷叶（如果有的话）	适量

制作方法

在容器里放入柿子，倒入A，如果有的话用薄荷叶装饰。将A和柿子混合后，放置一段时间后食用。这道甜点非常好吃。

结束语

回顾我的日常生活，其实我并没有抱着很强的执念，也没有生活得很讲究。有的时候自己想想，我是迎合了"想把自己的生活过成最棒的生活"这种想法而故意为之。

我憧憬的生活是"有菜谱表的日常生活"。在带孩子的时候，我会积累"怎样在六点之前把晚饭做好"的经验，会思考"我虽然不讨厌做家务，但不想一天到晚只做家务"，期望可以打造出"做的人吃得开心露出满意笑容"的餐桌。

后来，孩子们独立了，丈夫去世后，我开始思考"我真正想要的生活究竟是什么"。

对于生活来说，这样的"意识"非常重要。我们每天都在工作。现在觉得这种生活方式不错，但是也会有一天忽然觉得"这样真的没问题吗"。生活就是这样周而复始。

人们在不同的生活中不断追问自己"我想要什么样的生

活"，并且不断追寻这个问题的答案。我觉得这是非常重要的事情。我认为比起学很多的陈腔滥调的家务窍门，掌握"思考的习惯和能力"才更幸福。可以在自问自答中找到答案，这样每天都能够不断进步。

当时在储这本书的时候，编辑松尾麻衣子女士很热情地跟我说，希望把足立女士生活中的料理技巧和小诀窍传达给读者们。我有点犹豫，担心这样会不会就此暴露我的私生活。最后我被松尾麻衣子女士的热情和作家本村范子女士的人品所打动，才下定决心写这本书。

如果这本书能够给大家带来帮助，我会非常开心。在这里我要感谢所有为此书辛勤付出的人们，非常感谢大家。